U0112031

大展好書　好書大展
品嚐好書　冠群可期

大展好書　好書大展

品嘗好書　冠群可期

休閒娛樂

17

養花竅[

劉宏濤　傅強　編著　秦懷新　劉曉峰等

大展　出版社有限

簡潔的文字

形象的插圖

讓你輕鬆成為園藝高手

專家的指點

成功的體驗

讓你快樂享受種植樂趣

導　讀
DaoDu

　　是的，我很成功，但只是在我工作的
領域。繁忙之餘，我喜歡養花，但絕對是
一個外行。我希望養花也能成功，但勿需
太多的時間。渴望能夠得到專業人士的指
點！

　　Hi！我是花博士。這兒，濃縮了我多
年積攢的養花招術。只要你走進來，花上
三五分鐘，我會用最簡潔的語言（文）、
最直觀的操作（圖），讓你一目瞭然，一
學就會。絕對超值呵！

土 肥

TUFEI

WENGUANG

W

E

N

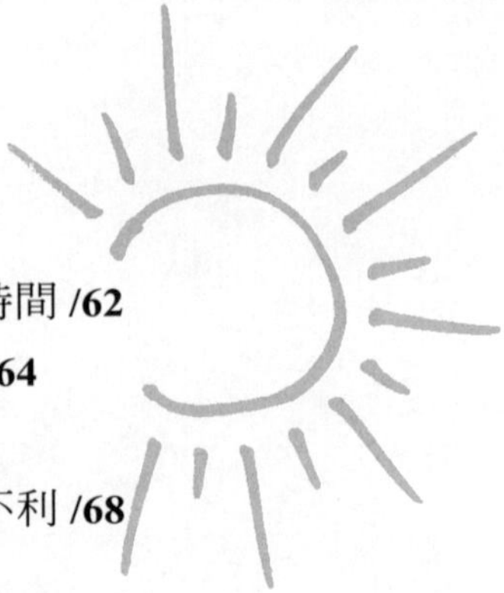

G

U

A

N

G

溫光

SHUIFEN

水分

S　H　U　I　F　E　N

F

A

N

Z

H

I

繁
殖

ZAIZHONG 栽 種

Z A I Z H O N G

護

理

H

U

L

I

B I N G C O N G F A N G Z H I

BINGCONGFANGZHI

病　蟲　防　治

土　肥

常用培養土的配方

Chang Yong Pei Yang Tu De Pei Fang

1 適合栽培喜酸性土的木本花卉植物，如杜鵑、茶花用的培養土為：山泥：腐葉土：腐木屑：廄肥土 = 3 : 1 : 1 : 0.5。

3 : 1 : 1 : 0.5

2 適合栽培仙客來、大岩桐和球根秋海棠類等球根花卉的培養土為：泥灰土：蛭石（或珍珠岩）：腐葉土 = 2 : 1 : 1，加少量過磷酸鈣。

2 : 1 : 1

土肥
TuFei

4 播種或栽培小苗用培養土
為：園土：腐葉土：岩糠
灰 = 2：1：1。

3：1：1   2：1：1

3 適應多數盆栽花卉的培養土
為：園土：腐葉土：礱糠灰
廏肥土 = 3 ： 1 ： 1 。

消毒

5 以上製備材料中除
珍珠岩、蛭石和礱
糠外均需消毒。

盆土過細過乾並不好

Pen Tu Guo Xi Guo Gan Bing Bu Hao

一般盆栽用土，底層最粗，中層中等，上層較細。上層土雖然要求較細，但不可過細，太細澆水時不易滲透，時間久了表層土極易板結，影響植株根部對水分的吸收。盆土也不可過粗，最好是一抓成團，鬆手即散。土壤顆粒過粗吸水就慢，澆水時水順空隙很快漏掉而留不住，因此，出現表土濕、內部土仍是乾的現象，也影響植物栽培的存活率和生長。

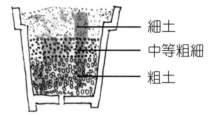

1 盆土粗細很重要。

細土
中等粗細
粗土

2 盆土粗細的位置。

3 手抓成團，鬆手即散。

4 盆土粗細適中，既保水又不漬水。

鋸末是養花的好基質
Ju Mo Shi Yang Hua De Hao Ji Zhi

　　城市家庭養花，常為土壤發愁，其實你只要到木材加工廠或傢俱生產廠去收集一些鋸末就可以自製成十分理想的種花基質。鋸末有著疏鬆、通氣、透水和保水的良好性能，並且清潔、衛生，同時保溫性也強，特別有利於根系生長。

　　將收集的鋸末，先用塑料袋或桶裝起來，適當加些水，封口讓其漚製 2 個月取出，再放在烈日下暴曬3~4天，消毒後即可使用。記住剛弄回來的新鮮鋸末，不要立即用來種花，一定要腐熟後再用，否則會燒根。

1 收集鋸末。

2 盛放入容器中。

3 加適量水。

4 密封漚製 2 個月。

5 暴曬3~4天消毒。

養花巧用松針葉

Yang Hua Qiao Yong Song Zhen Ye

到松樹林下去收集一些松針葉，曬乾後剪成2公分左右的短茸，直接鋪在花盆土表，這樣不僅澆水時不會濺起泥土污染盆壁和環境，且還對防止盆土板結，保持土壤濕度和調節土溫有作用。

如夏天能降低土溫，冬季又能起到保溫作用，另外，針葉腐爛後還可作肥料，對花卉生長大有益處，不妨去試一試。

土肥
TuFei

18

1 收集松針葉。

2 剪成 2 公分短茬。

3 鋪在花盆土表。

4 對調節土壤性質有好處。

土壤酸鹼度簡易測試法
Tu Rang Suan Jian Du Jian Yi Che Shi Fa

　　土壤的酸鹼度對花卉生長有直接影響，要想種好花，就必須選用花卉所適宜的土壤類型。家庭種花，如何判斷所用土壤的酸鹼度呢？其實測試方法十分簡便，即到化學試劑商店或找有科研教學單位的朋友，弄到一種專用測試酸鹼度的試紙（也稱pH值試紙），然後取測試土壤少許（半匙）放入容器中，用涼開水摻和，再用試紙沾浸摻和的溶液，很快試紙的顏色就發生了變化，然後將顏色與試紙上的標準對比，即可讀取數值。

　　數值小於 7 為酸性，數值大於 7 為鹼性，數值等於 7 為中性。一般數值為5.5~7.5之間的土壤比較適合種植喜酸性土壤的植物，數值為7.5~8.5的土壤適合種植喜鹼性土壤的植物。記住多數花卉喜酸性土壤。

1 到化工商店買pH值試紙。

3 放入容器中加涼開水摻和。

2 取半匙土壤。

4 用pH值試紙沾浸溶液即可測試土壤酸鹼度。

調節土壤酸性的方法

Tiao Jie Tu Rang Suan Xing De Fang Fa

土壤有酸性、中性、鹼性之分，南方的土壤多為酸性土，北方的土壤多是鹼性土。不同花卉對土壤的酸鹼度要求各異，但多數花卉喜微酸性土壤。

遇到花卉產生葉片乾尖、變黃甚至枯花，又不存在其他栽培條件的不良影響時，那麼很可能是土壤含鹼性過高所引起的危害。這時就應該採取措施對土壤進行酸化處理。

其方法：①可多在盆土中摻混腐葉土、松針土等酸性土壤和有機肥料。②製備培養土時，每立方公尺的培養土中加1~1.5千克硫磺粉，拌均勻後堆放一段時間使用。③還要注意澆花的水質。北方多數地方地下水中含鹽鹼量較高，長期使用也會導致土壤鹽鹼化，這時最好在水中添加0.2%的硫酸亞鐵或加幾滴食醋進行酸化處理後再用來澆水。

當你費很大力氣也養不好花時，別忘了想一想是否土壤酸鹼度出了問題。

土肥
TuFei

1 遇到盆土偏鹼性時。

2 在土中加入酸性土壤和有機肥料。

3 製備時，在培養土中加入
1~1.5千克硫磺粉。

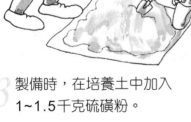

4 用地下水澆花時，最好加幾滴食醋。

培養土要消毒

Pei Yang Tu Yao Xiao Du

　　家庭養花一旦出現病蟲害後，防治起來很麻煩，其實，只要在種花前做好培養土的消毒工作，就能大大減少後期病蟲害的發生，培養土消毒方法很多，適合家庭的消毒方法主要有三種：

　　1. 日曬消毒。即在夏季將培養土攤開在強烈日照下曝曬一個星期，基本上有消毒效果。

　　2. 燒炒消毒。即將培養土放置在火鍋上翻炒20分鐘，注意燒炒時間不宜過長，否則會殺滅培養土中對花卉生長有益的微生物。

　　3. 農藥消毒。即將殺蟲劑和滅菌劑直接與培養土攪拌（一般按1：3比例），拌好後封袋存放10天。消毒時要注意安全操作，尤其不要讓小孩接觸農藥。

1 日曬消毒。

2 燒炒消毒。

3 農藥消毒。

基肥與追肥
Ji Fei Yu Zhui Fei

　　翻翻眾多養花的書，時常遇到「基肥」和「追肥」的概念，讓你丈二和尚摸不著頭腦。其實，它們就是兩種不同的施肥方法。

　　基肥：就是使用基礎性的肥料。往往用肥效遲緩而長久的有機肥和復合肥（顆粒狀），在種植前與盆土混合或施放在盆底，目的是提供土壤持久肥力，改善土壤結構。

　　追肥：就是在花卉生長過程中追加施肥的意思。一般用速效的化學肥料或腐熟的有機肥溶於水中，稀釋後澆在盆中或噴在葉面上，目的是補充植物不同生長時期對營養的需求 。

　　基肥和追肥的作用不同，最好兩者結合使用。

1 基肥（底肥）：種花前放入盆土中。

2 追肥：花卉生長中補施的肥料。

認識肥料種類

Ren Shi Fei Liao Zhong Lei

　　肥料的種類很多，各自的作用也不一樣，在施肥前，必須了解一些肥料常識。肥料不外乎分為兩大類，即有機肥和無機肥。有機肥就是農家肥，如人糞尿、家禽肥、豆餅、骨粉等；無機肥就是化學肥料，如尿素、磷酸二氫鉀、過磷酸鈣等。

　　種花用什麼肥料較好呢？最理想的方法是兩類肥料結合起來使用，即種花前，在土壤中和盆底混合一些有機肥料，在花卉的生長過程中再追施無機肥料。

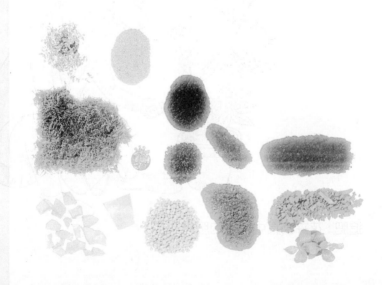

土肥
TuFei

1 肥料有兩大類。

2 底肥用有機肥。

3 追肥用無機肥。

不同肥料有不同作用

Bu Tong Fei Liao You Bu Tong Zuo Yong

「要想花兒發，全靠肥當家」。肥料的重要性也就不言而喻了。現在要告訴大家的是不同肥料對花卉的生長有不同作用，當你了解後就可根據需要有目的地施肥了。

1. 氮肥：提供植物葉綠素和蛋白質合成所需的氮元素，能加強光合作用，促進葉、莖的生長，俗稱「葉肥」。

2. 磷肥：促進種子發芽，增強根系生長，控制且能促使花芽分化，促進開花結實，提高開花結實數量和質量，俗稱「花肥」。

3. 鉀肥：提高光合作用強度，增強植物莖桿生長，對植物的抗倒伏作用明顯，俗稱「莖肥」。

土肥
TuFei

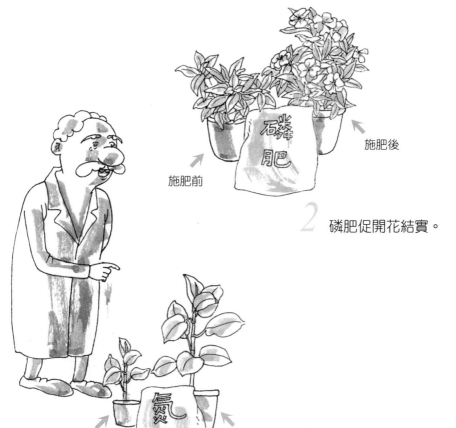

2　磷肥促開花結實。

施肥前　　施肥後

施肥前　　施肥後

1　氮肥促莖、葉生長。

施肥後

施肥前

3　鉀肥促莖桿生長。

施肥有講究（一）
Shi Fei You Jiang Jiu (Yi)

施肥四忌

1 忌施生肥。
有機肥要腐熟後施用。

2 忌施濃肥，以免肥害。

3 忌基肥與根直接接觸而傷根。

4 忌施熱肥，以免燒根。

土肥
TuFei

32

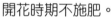

2 開花時期不施肥。

1 新栽花卉不施肥。

3 出現徒長不施肥。

4 休眠期不施肥。

施肥有講究（二）
Shi Fei You Jiang Jiu (Er)

1 「四多」就是：植株黃瘦多施，發芽前多施，孕蕾前多施，花後多施。

2 「四少」即：植株肥壯少施，發芽少施，開花少施，雨季少施。

3 「四不」即：徒長不施，新栽不施，盛暑不施，休眠不施。

巧施肥

Qiao Shi Fei

春秋季施肥要點

　　春、秋兩季是花卉生長時期，也是施肥最佳時期和安全期，可多施追肥。夏季高溫，植物生長旺盛，也需追肥，注意施肥濃度，一定要薄肥（濃度很低的肥料）勤施。對於夏季休眠的花卉，如馬蹄蓮、仙客來、倒掛金鐘等，則一定要停止施肥。冬季氣溫低，花卉生長緩慢，一般不施肥。

1 春秋兩季多施追肥。

2 夏季追肥要薄肥勤施。

3 冬季一般不施肥。

土肥
TuFei

肥料的種類
很多。

2 苗期施氮肥。

石磷肥

3 孕蕾期多施磷肥。

4 壯果期多施磷、鉀肥。

施肥技巧

　　什麼時間該施肥，什麼時間不該施肥，施什麼樣的肥，這些都有講究，弄得不好還會適得其反。

　　苗期多施氮肥，如尿素、豆餅水等，可促生長；孕蕾期多施磷肥，如磷酸二氫鉀、過磷酸鈣等，可促開花；著果初期少施肥，壯果期可多施磷、鉀肥，如磷酸二氫鉀等，可促進果實種子發育。

家庭養花用化肥也很好

Jia Ting Yang Hua Yong Hua Fei Ye Hen Hao

　　家庭養花習慣用居家廢棄物自製肥料，不喜歡用化肥，誤認為化肥易「燒花」，長期使用會「板結土壤」。實際上化肥才是家庭養花最理想的肥料，它無菌無臭，清潔方便，肥效明顯，只要掌握好施肥濃度（一般稀釋500～1000倍），經常給盆土鬆鬆土，每年翻盆換一次土，就完全不用擔心出現「燒花」和「板結土壤」的問題。

　　現在花店有一種顆粒狀的混合化肥，或專門加工成塊狀、棒狀的化肥，可直接施於盆土中（中等花盆每盆10粒左右），既方便，又營養，且元素齊全、肥效持久。

IMPORTED

1 化肥養盆花好。

2 化肥肥效快、
清潔方便。

4 每年換盆土 1 次。

3 掌握好施肥濃度。

花卉的葉面施肥

Hua Hui De Ye Mian Shi Fei

多數人都知道給花的根部施肥，並不知道也能給葉面施肥。葉面施肥其實就是將化肥溶於水，然後噴灑到葉面和花蕾上而被植物吸收的一種十分簡便的施肥方法。

不過，你可不要小瞧這種施肥方法，它具有用量少、肥效快、效果明顯的特點，往往會得到事半功倍的作用。具體操作時要注意的幾點：

1. 常用於葉面施肥的肥料主要有尿素、磷酸二氫鉀、硫酸亞鐵和硼酸等。

2. 配製濃度嚴格掌握，一般為 0.1% ~ 0.3%，切忌濃度過高，否則會灼傷葉片。

3. 宜選擇氣溫高於15℃的無風陰天，或濕度較大的傍晚噴施，這樣吸收效果好。

4. 葉片正反兩面要均勻噴灑，力求做到「面面俱到」，這樣吸收會更充分。

葉面施肥效果雖快而好，但它只是錦上添花的作用，不能替代根部施肥，而只能在根部不缺肥的情況下才更起作用。

土肥
TuFei

1 葉面施肥主要用化肥。

2 濃度為0.1%~0.3%。

4 噴灑時要「面面俱到」。

3 宜在氣溫>15℃的無風陰天進行。

春季盆花追肥
Chun Ji Pen Hua Zhui Fei

　　春季盆花追肥，要掌握好薄肥（肥料濃度很低）勤施的原則，切記，不能施濃度大的肥料。施肥要注意以下三點：

　　1. 在盆花土壤乾燥時再施肥，以利於植物根系吸收。

　　2. 施肥前必需充分疏鬆土壤，以利於肥料的滲透。

　　3. 澆肥時要沿著盆沿澆灌，以免肥料沾污嫩芽和嫩葉。

土肥
TuFei

1 盆土乾時施。

2 施肥前鬆土。

3 澆肥時要沿盆沿注入。

快速發酵有機肥

Kuai Su Fa Xiao You Ji Fei

有機肥是養花所必需的主要肥料，但有機肥一定要發酵後才能施用。加快有機肥發酵的方法：

1. 在未發酵的有機液肥中，加30%已發酵好的有機液肥，再加0.1%的硫酸亞鐵。用這種方法可縮短一個月左右發酵時間。

2. 在未發酵的有機液肥中，加2～3把細泥土，也可縮短有機肥的發酵時間。

如果把上述兩種方法同時使用，效果更好，可以大大地縮短發酵時間。

土肥
TuFei

1 有機肥要發酵後使用。

2 加入已發酵的有機液肥。

3 加入2~3把細泥土。

自己動手製骨粉

Zi Ji Dong Shou Zhi Gu Fen

　　骨粉含豐富的鈣、磷等營養成分，是養花理想的高效長效肥料，尤其在花盆中施用骨粉對花卉開花結果效果甚佳。

　　自製方法：將吃剩的豬骨、雞骨、魚骨等動物骨頭，用清水浸泡1～2天，反覆沖洗，去掉鹽份和殘肉，然後用高壓鍋蒸20～30分鐘，取出後將其曬乾粉碎即可使用。

1 骨粉含鈣、磷。

2 用清水浸洗。

3 用高壓鍋蒸。

4 曬乾粉碎即可。

雞糞肥的貯存和使用

Ji Fen Fei De Chu Cun He Shi Yong

　　花卉愛好者，您家裏養雞了嗎？雞糞是花卉優質精肥的肥源，每隻雞每年產肥量約 8 公斤。雞糞養分大多呈有機態，易分解，發酵溫度較高，含有機25.5%，氮1.63%，磷1.54%，鉀0.85%，還有較多的微量元素。

　　這種施用效果好、來源廣、成本低的良好花肥，怎樣貯存和使用呢？

　　1. 雞糞中養分濃度高，因此，在貯存中要防止氮素流失，其方法有兩種，一種是在雞糞中加 5 %的過磷酸鈣，攪拌均勻後堆積成堆，再用泥土封閉。另一種是用缸貯存，用水覆蓋表面，缸口用塑料薄膜封嚴，讓其發酵，三個月後即可使用。

　　2. 雞糞屬熱性肥，可作基肥，也可作追肥。但切忌使用生肥，也忌過量。作基肥要與花卉主根保持 5 公分以上的距離；作追肥也要加水稀釋使用。

1 雞糞是好花肥。

2 雞糞中加過磷酸鈣。

3 堆積後用泥土封閉。

5 作基肥不要直接
與根接觸。

4 或用缸貯存，並封嚴發酵。

6 作追肥要稀釋。

巧用磷酸二氫鉀
Qiao Yong Lin Suan Er Qing Jia

　　有經驗的養花者在給花卉施肥的過程中，除了使用一般性的常用肥料外，還時常用一種叫磷酸二氫鉀的化肥。施這種肥料用量少，見效又快又好，有事半功倍的效果，建議你不妨一試。

　　施用的方法是：在花卉生長季節，每半個月用0.1%~0.2%的磷酸二氫鉀水溶液噴施葉片，最好在早晚時噴在葉背面效果更佳。施過一段時間的磷酸二氫鉀液後，你會發現植株生長開花質量明顯提高。

　　記住：用這種施肥方法，肥料濃度要嚴格控制，肥液濃度一定要低，不得高，否則會燒傷葉片。

1 磷酸二氫鉀做葉面追肥好。

2 濃度為0.1%~0.2%。

3 早晚直接噴在葉背面。

橘子皮可除肥的臭氣
Ju Zi Pi Ke Chu Fei De Chou Qi

將幾塊曬乾或濕的橘子皮，放入
正在漚製的肥水中，可以除掉肥料的
臭味，而且橘子皮發酵後還是一種很
好的肥料，還帶有一定的橘味芳香。

土肥
TuFei

52

啤酒養花的作法是：

　　對一些葉面較光滑的觀葉植物，如龜背竹、君子蘭、蘭草、綠蘿、巴西鐵、花葉萬年青等，用脫脂棉或布條蘸上啤酒，輕輕擦拭葉片，不僅能除塵殺菌，還具有葉面施肥作用，使葉片蒼翠、光潔。

啤酒養花好

Pi Jiu Yang Hua Hao

維生素B₁₂是
家庭養花好肥料

Wei Sheng Su B₁₂ Shi
Jia Ting Yang Hua Hao Fei Liao

醫用的維生素B_{12}，經常施用可促使植株健壯，葉片濃綠。應用時，維生素B_{12}與水的配比是 0.05克維生素B_{12} 加1000克水。具體施用方法：

1. 凡是翻盆的花木，馬上用維生素B_{12}配水澆注。

2. 氣溫在18℃以上，可用溶液噴灑葉面。

3. 春秋季每7~12天在傍晚噴灑噴施 1次，冬季每 20~25天噴施 1 次。

土肥
TuFei

54

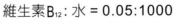

1 維生素B$_{12}$：水 = 0.05:1000

2 可配水噴灑。

3 氣溫>18℃可噴葉面。

4 春秋季7~12天1次，
冬季20~25天1次。

花卉傷肥後的症狀
及挽救措施

症狀

2 中期樹冠上部葉緣
焦黃，並落葉。

1 初期葉色發暗，生
長點變褐色。

土肥
TuFei

56

3 後期大量落葉，從上往下枯死。

花卉因施肥濃度過高而產生傷肥，其症狀一般表現：初期（2～3天）植株葉色發暗，其幼嫩的生長點變成褐色；中期（4～5天）樹冠上部葉緣焦黃，並開始落葉；後期（7天後）植株大量落葉，枝梢從上往下枯死。

當發現植株傷肥後，應立即進行植株脫盆處理，除掉植株根部的肥土，並用清水沖洗根部，然後剪去腐爛、乾枯的根及枯死的枝梢，用新的培養土重新上盆，精心護理。

57

補救措施

1 脫盆去肥土，剪去枯根。

2 沖洗根部。

3 換新土重新上盆。

家庭漚製花肥

Jia Ting Ou Zhi Hua Fei

農諺講得好：「莊稼一枝花，全靠肥當家」，養花離不開肥料。可居住在城裏的人常為弄不到花肥而犯愁。其實自己動手漚製花肥，方法也很簡單，不妨試一試。

將平時廚房的廢棄物，如雞鴨魚的內臟，摘掉的菜葉、菜根，發霉變質的花生、豆子等收集起來，用一個帶蓋的桶裝起，摻上淘米水，再加些橘子皮、蘋果皮等果皮，以除去異味，最後加蓋密封漚製1~2個月，腐熟後就可取出肥水澆花了。

土肥
TuFei

　　仙人掌類花卉的施肥，首先要選好時間，一定要在春秋季的生長時節進行，而要避免在冬夏季休眠期進行。

　　另外，由於它們生長比較緩慢，而且具有耐乾旱、耐脊薄的能力，因此，施肥不要太勤、太濃，每20天左右施一次薄肥，一年施 5～6 次就可以了，最好結合澆水施淡肥。施肥前 1～2 天不澆水，讓盆土稍乾燥，施肥後的第二天一定要用清水澆透，以便根系更好吸收肥料。

仙人掌類花卉 施肥有竅門

Xian Ren Zhang Lie Hua Hui
Shi Fei You Qiao Men

溫 光

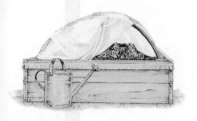

把握好盆花
出房與進房的時間

Ba Wo Hao Peng Hua

Chu Fang Yu Jin Fang De Shi Jian

花卉中有許多種類冬季怕凍，在冬季前應將怕凍的花卉搬進室內保暖，春季再移出室外養護，這是養花必不可少的管理環節，不要忽視。記住「春遲出，秋遲進」這一基本原則會對你有幫助。

「春遲出」即早春不要因氣溫回升而急於讓盆花出房。因為早春氣溫不穩定，時有寒潮出現並且也乾燥，加之花卉在室內越冬養護一段時間後生長勢和抗性減弱，如果環境驟變，很容易引起花卉不適而死，因此春季花卉出房宜遲不宜早。具體時間以清明節後為宜。

「秋遲進」，即秋季降臨後，不要誤認為早進房比較安全，其實按照花卉的生長習性，秋季晝夜溫差大，有利於植物貯存養分，花卉經歷適當的低溫鍛鍊，這對越冬有益。當然，在氣溫低於10℃時，就應及時進房保護。

1 春季盆花出房宜遲不宜早。

2 秋季盆花進房宜遲不宜早。

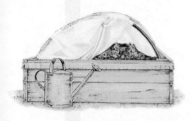

花卉也怕熱　過夏要留心
Hua Hui Ye Pa Re　Gugo Xia Yao Liu Xin

　　有些花卉，如仙客來、大岩桐、倒掛金鐘、馬蹄蓮、君子蘭、美洲紫羅蘭等，適合在溫暖的氣候條件下生長，遇到炎熱天氣（30℃以上）時，會出現黃葉，落葉，這就表明它們開始「中暑」而進入熱休眠狀態。此時千萬不要誤認為是因缺少水乾旱而出現黃葉落葉，如果繼續多澆水，那植株過不了多久必死無疑。正確的養護方法是：在入夏後，首先將進入休眠狀態的花卉放置於既沒有直射光，又防雨淋，並且通風陰涼處，然後嚴格控制澆水，一般以盆土稍潮濕即可，同時必須停止施肥。只有這樣才能確保夏季休眠的花卉平安地度夏。

夏季休眠的花卉怕炎熱。

將夏季休眠的盆花放
置北面窗臺。

嚴格控制澆水。

觀葉植物安全越冬
Guan Ye Zhi Wu An Quan Yue Dong

　　室內觀葉植物多數原產熱帶或亞熱帶地區，不耐低溫，過冬保暖防凍是關鍵。具體措施有：

　　1.盡量將盆花放置於住房南邊向陽靠近窗戶的地方，使其多接受一些日照。

　　2.減少澆水，停止施肥，讓盆土不乾即可。

　　3.採用晚上給植株罩上塑料袋，白天打開的辦法，以縮小畫夜溫差。

放置朝南向陽的窗邊。

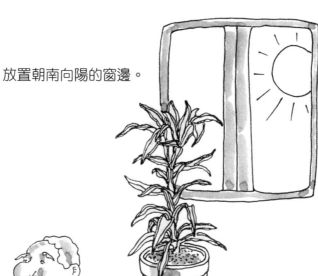

少澆水，不施肥。

晚上罩塑料袋。

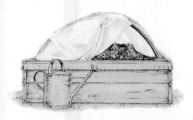

冬季夜間室溫過高
對養花不利

Dong Ji Ye Jian Shi Wen Guo Gao
Dui Yang Hua Bu Li

　　冬季氣溫低，多數花卉都搬進房內養護。由於上班族晝出夜息，因此，在夜間會採取各種方式取暖，這就出現了室溫晝低夜高的現象，而這正好與自然界氣溫晝高夜低相違背，這對室內存養的花卉可不是什麼好事。因為植物的生長規律是白天溫度高，有利於光合作用，能夠合成更多的養料；夜間溫度低，植物本身養分消會更少，這樣合成多、消耗少，有利於植物本身養分積累和生長。如果氣溫晝低夜高，植物養分就積累少，不利於生長。

水　分

澆好定根水

Jiao Hao Ding Gen Shui

花卉栽種後的第一次澆水稱為定根水。澆定根水十分重要，一定要按要求澆好，才能保證苗木能儘快恢復生長。因為，初栽土壤沒有完全沉實，土壤中存在很多空隙，只有將水澆透後，土壤和根系才能充分結合，根系也才能直接從土壤中吸收水分和養分。一般栽種後，要連續澆灌 2 次，頭一次澆到有水從盆底孔流出為止，當水流乾後，再重澆 1 次，讓土壤充分吸收，與根系很好密接。

記住：定根水必須澆透。

水分
ShuiFen

2 方法是連續澆
兩次。

1 定根水要澆透。

3 第一次讓水從盆底
孔流出。

4 待第一次水落乾
後再重澆 1 次。

盆花澆水簡易判斷法

Pen Hua Jiao Shui Jian Yi Pan Duan Fa

　　家庭養花澆水是常事，可是要把水澆好就並非易事，往往不是澆水過多就是澆水太少，關鍵是能否正確判斷什麼時候該澆水，什麼時候不該澆水。常用的方法是：

　　1.敲擊法　用手指輕輕敲擊花盆中部壁，發出清脆聲，表示盆土較乾，需立即澆水；若發出沉悶聲，表示盆土較濕，可暫不澆水。

　　2.目測法　觀察盆土表面，如盆土顏色變淺，呈淺灰白色，表明盆土已乾，可澆水；而顏色深，呈黑褐色，表明盆土仍較濕，暫不用澆水。

　　3.手觸法　用手指取少量盆土撚捏一下，若盆土可捏成團粒狀，表明盆土夠濕，用不著澆水；若盆土捏不成團，表明盆土缺水，需立即澆水。

水分
ShuiFen

1 敲擊法。

2 目測法。

3 手觸法。

傍晚澆水並不好

Pang Wan Jiao Shui Bing Bu Hao

　　一天中給花澆水的具體時間因季節不同而有所變化。主要遵循水溫與土溫越接近越好的原則（差距不要超過 5 ℃）。

　　一般而言，在 6 月到 10 月間，每天上午 10 時左右澆水較好；11 月至翌年 5 月，每天下午 3 時左右澆水較好。許多人習慣在傍晚澆水，其實這並不是最好時間，因為傍晚澆水後，盆土和葉片上的水分散發慢，而長時間的潮濕，很容易滋生病蟲害。

水分
ShuiFen

1 6~10月，上午
10時澆水好。

2 11月至翌年5月，下
午3時澆水好。

盆花澆水後
排水很慢怎麼辦

　　給盆花澆水後，盆土吸水很慢，排水困難，這是因為盆土表層板結所致。一般情況下，給盆土鬆鬆土就可以解決問題，可是有時即使鬆土後吸水也很慢，這說明盆土整個已板結，並且根系也已擠滿花盆，這時除鬆土外，還應打孔排水。方法是：取一鋼製水管，在花盆四周分別打鑽4個孔（下部接近盆底），後用河沙填滿孔洞，這樣不僅解決了排水問題，還有增強根系通氣的作用，對改善花卉生長條件大有益處。

1 遇到澆水後排水慢怎麼辦。

2 先鬆鬆土。

3 在花盆四周分別打鑽4個孔。

4 用河沙填滿孔洞。

澆花用雨水好

Jiao Hua Yong Yu Shui Hao

　　給花卉澆水用雨水最好，下雨時接上幾盆雨水留著澆花實在理想不過了。

　　如果嫌麻煩，不妨用淘米水或養魚缸中換下來的廢水澆花也不錯。如果還要簡便行事，那自然是用自來水，不過，最好是將自來水先貯存1~2天後再用。

　　利用噴水可以增加空氣濕度，降低溫度，洗去枝葉上面的灰塵，還可沖掉一些害蟲，對花卉植物生長發育十分有利。

　　但是，並非噴水對所有的花卉都有好處，也有些花卉如大岩桐、紫羅蘭、荷苞花、秋海棠等的葉面有較厚的絨毛，若向葉面噴水，水落在上面不易蒸發，會引起葉片水漬斑或腐爛。另外，當花朵盛開時也不宜向花朵噴水，否則易造成花瓣霉爛而縮短花期。

2 不能給有絨毛葉片或正在開的花噴水。

1 噴水的好處：增加濕度，降低溫度，洗去灰塵和害蟲。

給花卉噴水的利弊
Gei Hua Hui Pen Shui De Li Bi

增加空氣濕度的辦法
Zeng Jia Kong Qi Shi Du De Ban Fa

　　多數花卉在空氣濕度大的環境條件下生長會更理想，然而在居室內創造潮濕環境是比較困難的，但可以在植物周圍創造一個小的潮濕環境。具體方法有兩種：

　　一是給植物噴霧。如果你天天給植物噴霧，植物一定會生長得較好。但要注意，對於葉片上生有絨毛的植株不要噴霧，對於開花的植株要先用一張紙片擋住花朵後再噴霧。

　　二是將花盆擱置於一盛水的盤子上，可以持續有效地增加濕度，但花盆底部要墊上大顆粒石子，以使花盆底部在水平面上。

水分
ShuiFen

1 直接給植物噴霧。

3 花盆擱置於一盛水的盤子上。

2 用紙擋住花朵再噴霧。

增加濕度的方法

Zeng Jia Shi Du De Fang Fa

　　室內花卉，由於室內空氣比較乾燥，往往對花卉生長不利，可以採取增加空氣濕度的辦法，給花卉提供一個良好的生長環境。具體做法是：

　　1. 每天用噴壺給植株葉面噴水。

　　2. 每天用濕抹布揩拭葉片。

　　3. 做一個簡易增濕盤。就是用能裝些水的平盤，上面鋪上河砂或孵石或海綿墊，注入淺水，再將花盆擱在盤中，盤中的水就不斷散發到空氣中，達到增濕的效果。

　　4. 對於要求濕度較高的花卉，每隔一段時間，也可將植株整個在水中浸泡半分鐘。

1 葉面噴水。

播種後蓋上玻璃板保濕

　　由於秋季雨水少，盆土較容易乾燥，提高秋播成活率的關鍵是盆土的保濕。花盆播種後，在盆口表面蓋一塊玻璃，這將減少水分的蒸發，起保濕作用，對促進種子萌發十分有益。但是蓋玻璃不要平蓋在播種盆上，否則玻璃板上凝集的水珠容易滴在盆內而造成種子腐爛。正確的方法是：在玻璃板的一端墊上一小塊瓦片，使玻璃稍傾斜，那麼玻璃板上凝集的水珠就會順勢流到盆外。

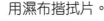
2 用濕布揩拭片。

3 簡易增濕盤。

4 將植株浸泡在水中。

正確

錯誤

冬季室內盆花保濕方法

1. 不宜將盆花直接放在暖氣片上面，也不要放在距火爐和暖氣近的地方。

2. 經常用接近溫室的溫水噴洗枝葉。噴水以噴濕葉面為宜，不能過多；要在中午前後噴水，不能在傍晚進行，因夜間溫度低而易使植株受凍害，並且注意室內通風。

3. 較名貴的花卉，如蘭花、君子蘭、白蘭等，可以用塑膠料薄膜罩罩起來，造成「小氣候」，有利於保持和增加濕度。

1 不要將盆花直接放在暖氣片上。

水分
ShuiFen

2 也不宜放在火爐和
暖氣旁邊。

暖氣

3 用溫水噴洗枝葉。

4 用塑膠料薄膜罩住。

養花愛好者出差
盆花怎麼辦

Yang Hua Ai Hao Zhe Chu Cha
Pen Hua Zen Me Ban

　　養花愛好者，若短期出差，可在外出前澆
足水，把花盆放置在不直接受到光照和風吹的
地方，並且用吸水的棉花鋪在盆土上或在盆底
放一個盤子，注滿水。

　　如果出差的時間較長，最好將花盆放在土
地上，然後用碎土將盆子圍堆；或者在地下挖
一個坑，將花盆一半左右埋於地下，在臨離開
前，一定要澆足水。

1 將花盆放在避風、避光處。

2 將花盆放在貯水盤中。

3 將花盆周圍堆土。

4 將花盆埋於地下。

盆花自動給水簡易法

Pen Hua Zi Dong Gei Shui Jian Yi Fa

　　自動給水是利用毛細管作用的原理，讓水分沿水繩從盆底孔進入盆土的方法。具體製作方法如下：

　　首先，用脫脂的棉紗繩或布條做成吸水繩索，將其一端埋入盆土底層，另一端從底孔伸出大約10~15公分長，然後把花盆架空擱放在裝水的容器上，讓吸水繩浸泡在水中，這樣水就通過吸水繩，源源不斷地自下而上傳遞給盆花。這種方法方便省事，尤其是對常出差者或假日遠行在外的人們，不失為一種妙法，再也無須為出門在外因無人澆花而擔憂了。

將棉紗或布條做成吸水繩。

將吸水繩一端埋
入盆土底層。

花盆擱放在裝水的容器上。

外出不必擔心了。

乾旱脫水補救法

Gan Han Tuo Shui Bu Jiu Fa

因夏季炎熱乾旱或者漏澆，一時花盆缺水而導致枝葉萎蔫，遇上這種情況時，不要因慌張而立即拼命澆水。正確的方法是：將盆花轉移到陰涼的地方，先少量澆一些水，讓盆土濕潤，並給葉片噴水，待枝葉恢復正常後再把水澆足。

水分
ShuiFen

1 乾旱後不要立即澆很多水。

2 首先將盆花移到陰涼處。

3 先少量澆一些水。

4 枝葉恢復正常後再澆足水。

盛夏和寒冬慎澆水

　　水溫對花卉的根系生理活動有直接影響。水溫與土溫接近時澆水比較好，如果水溫與土溫相差懸殊（超過5℃），澆水後會引起土溫驟變而傷害根系，影響根系對水分的吸收，反而產生生理性乾旱。因此，在冬、夏季的高溫或低溫天氣更應小心。夏季應避免在烈日暴曬下和下午2點左右高溫時澆水，而冬季最好先將水在室內放一段時間，或稍加溫水，使水溫提高到15℃左右後再用來澆花。

澆水有學問。

水溫與土溫相差大，易傷
根系而影響生長。

4 冬季澆花水最好在15℃左右。

3 夏季避免在烈日下和
午後14：00時澆水。

繁　殖

種子的貯藏
Zhong Zi De Chu Cang

　　自己採種播種也是種花的一種樂趣，可以自己採收的種子該如何貯藏呢？首先去掉果皮等雜質，將乾淨的種子晾乾，再裝於一軟金屬袋或塑膠料袋中，最後套於紙質袋裏或存放於鐵皮盒（木盒、有色玻璃瓶）中。種子袋上要標注種子的名稱和採收的日期。

　　包裝好的種子最好存放在低溫乾燥的環境下保存，這樣有利於保持種子活力和壽命，儘管如此，種子的壽命還是有限，對於超過保存年限的種子，最好不再用播種育苗。家庭可以將種子存放在冰箱的冷藏櫃中，這樣可有效延長種子壽命。

繁殖
FanZhi

1 去掉果皮雜質。

2 將乾淨的種子晾乾。

3 裝入容器中。

4 放置在低溫乾燥的環境下。

花卉種子的採收和購買

Hua Hui Zhong Zi De Cai Shou He Gou Mai

　　當你發現自己種養的花卉結出種子時，嘗試著採收起來，然後親手播種培育新的植株，那會帶給你培育新生命的美好體驗。

　　選擇飽滿的果實，留意觀察，當果實表皮顏色由青綠色變成深褐色時，或果實開始炸裂時，就是果實裏的種子已成熟，應及時採收。如果採收過早，種子不夠成熟，會影響發芽；如果採收太遲，果實炸開後種子易散失掉。

　　種子採收後要放置通風處晾乾後再貯藏。許多花卉的種子是陸續成熟的，應注意成熟一個採收一個。

　　當然，要想培育出優質花卉，還是應該購買種子公司生產的種子，因為那是專業培育出的良種。購買種子最好選購信譽良好的種苗公司的種子，並要留意包裝袋上註明的生產日期和有效保存年限，謹防假劣種子或過期種子。

繁殖
FanZhi

1 選擇飽滿的果實。

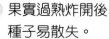

2 果實過熟炸開後
種子易散失。

3 採收後放置通風處晾乾。

4 買種子要到種苗公司選購。

播種的方式
Bo Zhong De Fang Shi

1 將種子均勻地撒播在苗床上，覆一層薄土。

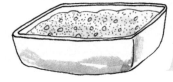

2 噴水澆透，並加玻璃蓋保濕。

3 出苗後再移苗上盆。

　　花店裏經常有各種各樣的花卉種子出售，播種也就成為種花少不了的一環，尤其對那些只能用種子來繁殖的花卉，更顯得重要，如一、二年生草本花卉。

　　播種有床播和直播兩種方式。床播是將種子先播在苗床（盆）裏育苗，育苗完成後再移栽上盆；直播是將種子直接播於花盆中，出苗後不再移苗而直接培養。多數花卉都採取床播方式，因為播種小苗經過一次或幾次移栽育苗，可促進生長發達，有利於促進植株後期生長旺盛。但對於一些主根發達而鬚根少的花卉（如虞美人、牽牛花等），因移苗後不易成活，故宜採用直播法。一般購買的種子袋上有播種說明，按說明操作就沒錯。

「直播的方法」

2　出苗後不移苗。

1　將種子直接播種在花盆中。

播種細小種子的竅門

有的花卉種子特別細小，看起來像灰塵一般，如蒲苞花、非洲紫羅蘭、秋海棠等，播種這樣細微的種子要倍加細緻。

1. 準備好一個播種盆（淺口花盆），用沸水燙過消毒，在其底部用碎瓦片蓋住排水口，底層墊 1／3盆深的粗粒土或粗沙以利排水，其上填充篩過的播種土，土表上部離盆口留2~3公分，再用木板將土抹平、墩實。

2. 將種子與少量沙土混合，均勻撒播於盆內，再篩薄薄一層細土，以玻璃板蓋住種子為宜。

3. 播完後，將播種盆擱置於水盆中浸盆，讓水分透過播種盆底被盆土吸收，千萬不要從上部噴水。

最後給播種盆蓋一塊玻璃板，經常浸盆保持播種土始終濕而不漬，1~2周後可出苗。

將播種盆消毒。

繁殖
FanZhi

104

2 底層墊粗沙或粗粒土。

3 覆過篩後的細土。

4 用木板將土面抹平。

6 置於水盆中浸盆，並加蓋玻璃板保濕。

5 將種子與少量沙土混合後撒播於盆內，再覆一層薄土。

種子發芽前的處理
Zhong Zi Fa Ya Qian De Chu Li

　　為了提高種子出芽率和出芽整齊度，最好在播種前對種子進行處理。對於容易出芽的花卉種子，如草本花卉，可以在播種前用40℃以下溫水浸泡種子24小時，浸種時，把漂浮在水面上的不飽滿種子去掉後再播，這樣可以促進快速而整齊地出芽。

　　對於種子比較大而種殼堅硬的種子，如荷花、牡丹、美人蕉等，其種子發芽一般都比較困難，在播種前應用利刀割開種皮後再播種，可以縮短出苗時間，提高發芽率。

1 易出芽的種子，先在
<40℃的溫水中浸種
24小時，除掉癟粒。

2 種殼堅硬的種子，用利
刀割開種皮後再播。

硬枝扦插的要領
Ying Zhi Qian Cha De Yao Ling

多數木本花卉的繁殖方法都是採用硬枝扦插，即用二年生木質化或當年生半木質化的枝條扦插。扦插時間在每年的5~6月或9~10月比較適宜。插條要選取發育充實的枝條，剪成10公分左右長的一段，去掉下部葉片，留頂部1~2枚葉片，如果葉片過大，還可將葉片剪去一半。插條下部要呈 45°角斜剪，剪口離芽 0.5 公分，頂部剪平口，剪口位於芽節下方 0.2 公分。扦插深度約為插條長度的 1/3，插後澆透水，放置半陰處。經常保持盆土濕潤而不積水，大約1~2月後生根。

1 選木質化或半木質化的充實枝條。

2 剪成10公分左右長。

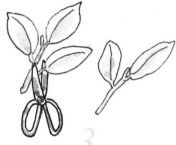

3 留頂部1~2枚葉片。

4 插條頂部平剪，下部斜剪。

5 插後澆透水。

清水插條生根法

Qing Shui Cha Tiao Sheng Gen Fa

　　有不少花卉可以將剪下的枝條直接泡插在
清水中，也可以生根，操作起來十分簡便，如
廣東萬年青、長春藤、四季海棠、梔子花等。
具體操作為下：

　　1. 剪取帶頂梢的枝條，枝條長度一般10~15
公分（帶3節以上）。

　　2. 摘掉枝條下部葉片，留頂部1~2葉，將
枝條2/3插入水中。

　　3. 水杯要放在室內光線明亮處，每3~4天
換一次清水。

　　4. 待枝條在水中長
出2~3公分長的根鬚後
，即可取出上盆種植。

1 剪取帶頂梢的枝條。

2 去下部葉片後插入水中，
並置於光線明亮處。

3 枝條生根後即可上盆。

切葉扦插繁殖
Qie Ye Qian Cha Fan Zhi

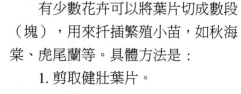

有少數花卉可以將葉片切成數段（塊），用來扦插繁殖小苗，如秋海棠、虎尾蘭等。具體方法是：

1. 剪取健壯葉片。

2. 用鋒利小刀將葉片橫切成數段或沿葉縱切成數塊。

3. 將切好的葉片呈 45°角斜插入濕潤的培養土中，注意不要把葉片上下插倒了，不然是不會生根的。

4. 罩上塑膠料袋保濕，經過一段時間培養，葉片切口處會萌生根系和小苗。

5. 當小苗生長到足夠大時，即可分苗種植。

1 剪取健壯葉片。

2 切成數段。

3 斜插於土中。

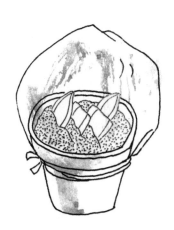

4 罩上塑膠料袋保濕。

5 分苗種植。

快速克隆大苗的方法

Kuai Su Ke Long Da Miao De Fang Fa

當你覺得播種或扦插獲得的小苗來得太慢時，一定夢想一種快速克隆大苗的方法，馬上教你一招，保管叫你夢想成真。具體方法：在一大型花木上選擇一粗壯的分枝，用銳利刀具繞枝做一個 1 公分左右長的環狀切口，剝去樹皮，用塑膠料膜套住傷口，裏面塞滿吸足水的矽水苔蘚（可從花店購買），最後將袋口封嚴。

數星期後，當發現有根系自水苔中長出時，就可以去掉塑膠料袋。將生根枝條從母株上切斷移栽到花盆裏，這不就很快獲得了一盆成型的植株嗎？此繁殖法多用於多年生的木本花卉。

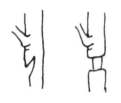

割環狀切口，剝去樹皮。

選粗壯的分枝。

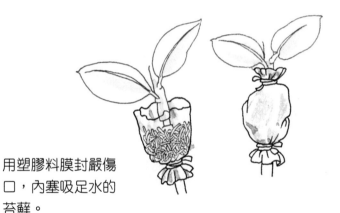

用塑膠料膜封嚴傷口，內塞吸足水的苔蘚。

生根後切斷移栽。

用莖乾扦插
也能繁殖小苗

Yong Jing Gan Qian Cha
Ye Neng Fan Zhi Xiao Miao

莖插，就是利用多年生植物的莖幹，將其截斷後用於扦插，以繁殖獲取幼苗的方法。可以莖插的花卉有龜背竹、龍血樹、朱蕉等。

方法是：把植株的莖乾每3節截斷為一段，垂直插於生根培養土中，也可平臥埋於土表，讓莖乾略微露出一點土面，然後澆透水，保持盆土潮濕，經過一段時間蒔養，莖幹上就會長出新根和幼苗。

1 選取粗壯的莖幹。

2 每 3 節截為一段。

3 垂直或平臥於土中，澆透水。

4 保持潮濕即可生根、發芽。

用帶柄的葉片扦插

Yong Dai Bing De Ye Pian Qian Cha

有些花卉可以直接用帶柄的葉片進行扦插繁殖，如秋海棠、非洲紫羅蘭、椒草等。具體方法如下：

1. 選取不老不嫩的健壯葉片，連同完整葉柄的葉片剪下。

2. 用銳利小刀將葉柄修成1~2公分長。

3. 把葉柄埋插在濕潤的生根培養土中，葉片基部緊貼土表。

4. 澆足水後用塑膠料袋罩住花盆以增加濕度。

5. 過一段時間，新根和嫩芽會從葉柄切口或沿葉緣衍生而出。切除母葉，留下新苗在花盆中繼續生長，長大後再移苗。

選健壯葉片。

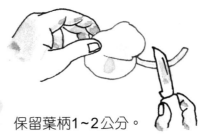

保留葉柄1～2公分。

將葉柄插入土中。

用塑膠料袋罩住花盆。

新根和嫩芽會從葉柄切口長出。

仙人掌的劈接方法

接穗

砧木

2 將接穗插入部削成楔形。

1 在砧木頂部縱切一刀。

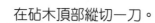

4 接口插細竹針固定。

繁殖
FanZhi

120

3 將接穗插入砧木切口中，用手捏緊。

　　劈接法多在春、夏季進行。用較厚的仙人掌、粗生的仙人球或三棱箭作砧木。嫁接時先將砧木頂部或兩側用薄尖刀片切一與接穗寬度相等的縱切面，切口深度為1.5~2公分，然後將接穗下端兩面 1 公分外表皮削去，並立即插入砧木切口中，用手捏緊半分鐘，不使接穗擠出砧木切口，然後再用細竹針或仙人掌刺橫向插入嫁接處，使砧木與接穗固定好。接好後的植株放陰暗處 5~7 天，在此期間注意不要將水濺到切口。成活後再將植株移到陽光充足處，注意隨時抹去砧木上萌發的新芽，以保證接穗生長。

　　此法適用於蟹爪蘭和令箭荷花之類。

置陰暗處 5~7天。

隨時抹去砧木上的新芽。

不能將水濺到切口處。

仙人掌類花卉的平接法

1 平接多以三棱箭、仙人球作砧木。

2 將砧木上端水平橫切。

3 將砧木頂部的硬角削成斜面。

繁殖
FanZhi

122

平接法在溫室條件下，全年均可進行。多以較嫩的三棱箭或仙人球作砧木。嫁接時，用鋼刀片將砧木的三棱箭或仙人球上部作水平橫切，同時也將周圍的硬角削成斜面，然後將直徑 1 公分以上作接穗的子球的下端基部平切一刀，並立即接到砧木的切面上，使兩者髓心對準。再用細線連同花盆一起作縱向綁紮，綁紮時用力適度，線的鬆緊要均勻。接好的植株先放置在半陰處，用塑膠料袋罩住，不用澆水。待接後 5 ～ 7 天傷口癒合後，將綑綁的細線解除並移放到陽光充足處養護。

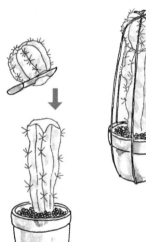

5 用細線綁紮。

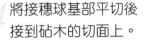

4 將接穗球基部平切後接到砧木的切面上。

7 傷口癒合後解綁線，移陽光下。

6 移半陰處，罩塑膠料袋。

仙人球用錐刺
可多產生仔球

Xian Ren Qiu Yong Zhui Ci
Ke Duo Chan Sheng Zai Qiu

在仙人球的頸部中心點進行錐刺，使其頂端生長優勢受到破壞和抑製，這樣促使了其他各生長點不斷分生仔球。

錐刺的具體做法：在5~8月，選用直徑8公分以上、生長強健、體型好的仙人球做母球（初試可用4~5公分直徑的仙人球），把頂部的灰吹乾淨，用直徑8毫米的錐形物，如新的鐵釘或毛線針，在晴天中午太陽下，對壯球頂部中心直刺入1~1.2公分深的小圓洞。

刺後不遮光，兩天後澆水，經過20天左右，小洞及其周圍就會長出幾個仔球。

繁殖
FanZhi

1 要想多生仔球有竅門。

2 用鐵釘在球頂端扎一個小洞。

3 兩天後再澆水。

4 20天左右，長出幾個仔球。

蕨類花卉植物
孢子繁殖方法

Jue Lei Hua Hui Zhi Wu
Bao Zi Fan Zhi Fang Fa

　　將孢子播放在蒸氣消毒過的土壤表面，不覆土，蓋上玻璃片。播時動作要輕，以免使空氣中揚起其他孢子混入盆內。播後用浸盆法，由盆底浸入水分。

　　然後放在25℃條件下，保持濕潤和陰蔽。20~30天即可發芽，發芽的原葉體成片生於盆面，可分植於新盆中，真葉3~4片時可上盆。

1 用蒸氣法將播種土消毒。

2 將孢子播於土表，蓋上玻璃片。

3 浸盆法保持土壤濕度。

4 保持 25℃和陰蔽。

5 20~30天發芽。

6 3~4片真葉上盆。

栽　種

市場購花要挑選
Shi Chang Gou Hua Yao Tiao Xuan

　　從市場上買鮮花，如何辨別花卉的質量呢？購買時請記住以下注意事項：帶土球較大的植株好，帶土少或用稻草包的假土球不能買；根系白色、細嫩的好，根系發黑的不能買；株型緊湊、枝葉新鮮繁茂的好，而枝條柔軟細弱、葉片蔫萎或者部分枯黃的不能買；枝葉上有病蟲斑的也不要買。還可用手輕提植株，檢查是否有根或根系是否發達，如果沒有根系或植株搖晃的不要買。開花的植株應選擇帶有許多含苞未放花蕾的買，不要購買花朵正在盛開或花芽受到傷的植株。

1 要挑選帶土球大的，根系
白色、細嫩的，枝葉新鮮
繁茂的植株。

2 用手輕提植株，若植株搖晃，
說明根系不發達，不要買。

長途攜帶花苗簡法
Chang Tu Xie Dai Hua Miao Jian Fa

1 看見喜愛的花木想帶回家。

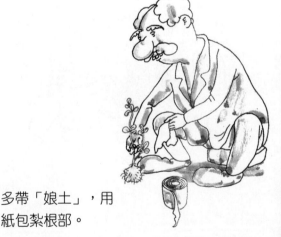

2 多帶「娘土」，用
紙包紮根部。

外出時，見到自己喜愛的花苗想帶回來栽植，如何能安全攜帶回來呢？簡便的辦法是讓苗木的根部多沾一些「娘土」。然後取疏鬆而且吸水性強的衛生紙之類，把根部包紮好，將紙浸濕再用塑膠料袋套在它的外面。

路上，注意不讓幼苗曬太陽和吹風，乾時適當在紙上加點水，並適當打開包裝袋透透空氣。用這種方法，即使你在旅途上有4～5天，也能保證帶回的花苗照樣可以種活。

3 浸濕後用塑膠料袋套住。

4 途中避免太陽和風。

5 適當噴水和透氣。

家庭養花備好園藝小工具

Jia Ting Yang Hua Bei Hao
Yuan Yi Xiao Gong Ju

「工欲善其事，必先利其器。」種養花卉同樣也離不開使用工具，有些工具是必不可少的，如以下幾種：

小鏟：主要用於換盆時鏟土和平時給花盆鬆土。

枝剪：主要用於修枝整形和換盆時剪根。

水壺：給花澆水是每天必不可少的一項工作，最好備一個尖嘴壺，再備一個帶淋蓬頭的壺，用起來會更方便些。

噴壺：可以噴出水霧，用於增加空氣濕度和清潔葉片。

這些園藝小工具在花店都有銷售，價格並不昂貴，花點小錢可以讓你顯得更專業，養起花來也更有樂趣。

栽種
ZaiZhong

134

小鏟

噴壺

枝剪

水壺

怎樣選擇花盆
Zen Yang Xuan Ze Hua Pen

　　目前市面上的花盆種類琳瑯滿目，式樣愈來愈多。但常用的花盆有三大類，即：陶盆、瓷盆和塑料盆。

　　1.陶盆是粘土燒製而成的。普通陶盆分有灰色和紅色兩種，這是全世界使用最普遍、歷史最久的一種，它具有價格低、耐用、透氣性能好的特點。此類花盆又有各種不同內徑和高矮的規格，可根據花卉的生理習性及栽培過程中不同的目的合理選用。在瓦盆中，有一種紫砂盆，江蘇宜興盛產，故稱之為「宜興盆」，其盆美觀大方，通氣透水性能好，國內外負有盛名，只是價格較高。新進的陶盆，初次使用時要先置清水中浸泡數日。

　　2.瓷盆透氣性能差，不宜直接栽種花卉植物，一般只作套盆。

　　3.塑料盆。隨著經濟的發展，這種花盆在花卉生產中廣泛應用。其質輕，造形美觀，色彩鮮豔，規格齊全，但透水透氣性能差一些，只要注意培養土的疏鬆和減少澆水次數就可以了。還有個缺點是易老化，老化後非常易碎，用時要留心。

1 花盆有陶盆、瓷盆、塑料盆三類。

2 陶盆初次使用前要浸泡。

3 瓷盆一般作套盆用。

4 用塑料盆時要多鬆土、少澆水。

要想花兒年年好
換盆工作不可少

Yao Xiang Hua Er Nian Nian Hao
Huan Pen Gong Zuo Bu Ke Shao

　　換盆又稱翻盆，是指將栽植於小盆中的植株起出，重新栽植到另一口徑較大的盆中的操作過程。花卉總在不停地生長，一段時間後，原來花盆內已長滿了老根，吸收水肥的能力逐漸減弱，加之培養土中營養物質也消耗殆盡，此時，不管你如何精心施肥澆水，花都很難再長好。只有換盆，換以更大的花盆和新增培養土，才能滿足花卉不斷長大的需要。一般盆栽花卉最好在每年春季或秋季換盆 1 次。

　　換盆的方法：

　　1. 先傾倒盆花，用左手指握住植株，右手指用力頂盆底排水孔的瓦片，將植株帶土坨脫出。

　　2. 剔掉土坨底部舊的瓦片，並刮去部分舊土，剪去部分老根。

　　3. 重新裝入新盆，在土壤坨的周圍空隙填充新的培養土，握搖花盆，使舊土與新土能密結，然後壓緊和澆水。

栽種
ZaiZhong

1 傾倒盆花，取出植株。

2 去部分舊土和老根。

3 裝入新盆，加新土。

4 握搖花盆。

5 澆足水。

換盆的最佳時間
Huan Pen De Zhui jia Shi Jian

　　不同的花卉植物，其換盆時間也不同。宿根類花卉和落葉花木（冬季落葉）應在秋天停止生長後到春季發芽之前這段時間換盆，而以早春換盆最好；常綠花卉（冬季不落葉）一般在梅雨季節換盆為好，也可在冬春時節換盆；溫室花卉，在適溫下一年四季均可換盆，但在花芽形成期和盛花期不宜換盆。

1 宿根類和落葉類在早春換盆最好。

2 常綠類在梅雨季節換盆為好。

3 溫室花卉四季均可換土。

花卉換盆的「信號」
Hua Hui Huan Pen De "Xing Hao"

1. 花卉植物根系生滿盆內，有根系從盆底排水孔長出。

2. 盆土所含養分已被耗盡或者由於長期澆水，養分已流失，花卉植株生長衰弱，出現早期落葉，或者提前開花，或者開花期短暫等現象。

3. 花卉植株根系變褐或出現蟲害。

4. 花卉株叢已長滿花盆，無法伸展需要分株另行栽植。

5. 盆土板結，透水通氣性能下降。

1 換盆的「信號」。

2 根系從盆底排水孔長出。

3 早期落葉、植株衰弱時。

4 根系變褐或有蟲害。

5 株叢長滿花盆。

脫盆的方法
Tuo Pen De Fang Fa

　　換盆換土時，要先將植株從盆中脫出。怎麼才能將植株帶土球一起脫出而不受傷害呢？方法是：脫盆的前一天，要停止澆水，讓盆土稍乾。脫盆時，用右手指握住植株基部，手掌托住盆面，將盆倒置過來，再用左手大拇指用力頂盆底排水孔的瓦片，就可將土球從花盆中脫出。當遇到盆土板結，用大拇指頂不出來時，可以找一高臺的邊角，輕輕將花盆沿口在上面叩磕幾下就脫出來了。對於較大的植株，可以用右手握住花木的主幹，將花盆稍提離地面，用左足向下蹬盆沿便可脫盆。

1 植株應帶土球脫出。

2 脫盆前1天停止澆水。

3 較大植株脫盆法。

上盆的方法
Shang Pen De Fang Fa

　　當你購買了不帶盆的花苗回家後，第一件
要做的事就是把花苗種到盆裏，即上盆。

　　取出花盆（陶盆要預先在清水中浸泡），
在盆底墊上數塊碎瓦片，覆蓋盆底的排水孔，
以防盆土流失。接著填一層粗粒的培養土至盆
底的 1/5 處，再將培養土加至盆沿 1/2 處，然
後將花苗放至土上，繼續填土，直到盆沿 2 公
分處，再輕輕提一下花苗，讓小苗根伸展開，
並振搖花盆，將培養土稍做鎮壓，最後澆水定
根即可。

1 準備好材料。

碎盆片

1/5

粗粒土

1/2 培養土

2 直立放入植株。

3 填土。

4 澆定根水。

怎樣提高盆花上盆成活率

Zen Yang Ti Gao Pen Hua

Shang Pen Cheng Huo Lu

　　新花卉植株上盆是盆花栽培的第一關，要保證上盆的成活率，必須做好以下四個環節：

　　1. 做好排水層的鋪墊。上盆土前，要用兩塊小瓦片，按「人」字形墊好排水孔，就是用一塊瓦片蓋住排水孔的一半，另一塊瓦片擱在第一塊小瓦片上。如果是怕濕、怕澇的花卉，還要在上面鋪一層碳渣、加厚排水層，以利通氣、排水。

　　2. 促使根系與土壤的緊密接觸。上盆前根要適當的修剪，放苗時要使根系在盆內舒展，不捲曲盤繞。盆土分兩次填入，第一次只填盆深的一半，然後用手將苗木向上提幾下，再加土壓實。

　　3. 定根水一定要澆濕、澆透。要讓水從排水孔滲出。

　　4. 上盆栽好後，一定要先放在陰涼、通風處緩苗1～2周，再逐漸接受陽光，切不可直接在陽光下暴曬。

　　5. 由於翻盆時會損傷根系，不能馬上施肥，否則不但花苗不能吸收，而且還容易造成肥害。

栽種
ZaiZhong

148

1 鋪好排水層。

2 適當修剪根系。

3 根要舒展。

5 澆足定根水。

4 填土一半時，
手輕提苗木。

6 放陰涼處1~2周

水插花卉移栽要點
Shui Cha Hua Hui Yi Zai Yao Dian

　　水插繁殖是花卉繁殖方法之一，但水插生根後，能否移栽成活，還要注意以下幾點：

　　1. 水插生根後的花卉，其根嬌嫩，有一定的脆性，一定要小心，避免折斷幼根。因此蓋土時，動作要輕，填好土後，在地上輕輕扣幾下，然後澆透水。

　　2. 移栽後，短期內不可澆水過多。只需保持土壤濕潤即可，同時向葉面噴水以提高空氣濕度。

　　3. 移栽後不可馬上施肥，一般必須在移栽後一周，方可施稀液肥。

　　4. 要注意適當遮蔭，以氣溫保持在18~20℃為宜。

1 水插花卉的根嬌嫩，移栽要小心。

2 栽後不能多澆水，可葉面噴水。

3 不能立即施肥。

4 應適當遮陰。

間苗與移苗
Jian Miao Yu Yi Miao

　　間苗：播種出苗後，隨著幼苗的生長，苗床上布滿了密密麻麻的幼苗，此時應及時拔去過密或生長弱的苗子，增加苗間距離，讓苗間的距離約等於苗的高度，以增加光照和通風。

　　移苗：培植一段時間之後，當幼苗長出 2 片真葉時，可用小竹竿挖起帶土小苗移栽 1 次。當植株再長出 2 片真葉後，就可挖起定植於花盆。

　　間苗和移苗有利於壯苗。

1 間苗

2 2片真葉時
第1次移苗。

3 4片真葉時移苗定植於花盆。

花籃的栽植
Hua Lan De Zai Zhi

用藤質的花籃盛滿鮮花和翠葉陳設居室，會帶來樸實自然和清新美麗的氣氛。

建議你從花市上購買小盆的開花植物和小型觀葉植物，然後準備一個花籃，用一塑料膜鋪墊在花籃裏作為防水層，再在花籃底部填上一層約20公分厚的河砂，最後將買來的盆花組合擺放在花籃裏，用泥炭土將花盆間隙填滿，稍加整理，用花枝和葉片遮住花盆和泥土。這樣，一個美麗的花籃就製作成功了。平時給花籃澆水要少，只維持盆土濕潤即可，因為花籃底部不漏水，要長期種養是不可能的，擺在家裏能賞1～2個月時間也挺划算的，就當是擺設瓶花一般。

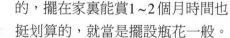

1 鋪塑料膜作防水層。

2 加20公分厚河砂。

4 填加泥炭土。

3 放入各種小花盆。

5 平時少澆水。

植物的組合

Zhi Wu De Zu He

　　單個盆花擺放在家中顯得不夠自然，如果將不同種類的花卉搭配種植在一起的話，就會顯得豐富而自然得多。這種組合種植在一起的植物群還可以營造一種微氣候，更有利於各種植物的相互生長。

　　首先選擇好種植容器，再根據容器大小和色彩搭配來選擇植物進行組合，配植要講究高低錯落和疏密有致。基本原則是，前排低後排高，或右角高左角低。

　　另外，要選擇生長性相近的植物組合在一起，比如喜潮濕的蕨類植物和鳳梨類植物就可以在一起組合。如果習性不相似的植物組合在一起，就會增加養護管理的難度。

　　最後還要強調一點，有些花卉是相剋的，不能擺放在一起。例如，鈴蘭就不能和其他花卉「友善」相處，紫羅蘭和鬱金香也不能養在一起。

1 選擇好種植容器。

2 選擇生長習
性相近的植
物組合。

3 選擇高低錯落
的植物組合。

4 鈴蘭忌與其他
花卉相處。

5 紫羅蘭不能與鬱金香一起。

玻璃花瓶的製作
Bo Li Hua Ping De Zhi Zuo

在一個大肚的花瓶裏種上小型花卉，彷彿是間迷你小溫室，晶瑩剔透的玻璃器具與生機盎然的植物完美結合，陳設於居室會別有一番情趣。

選一個瓶口能放進植株的玻璃花瓶，最好是中部鼓起的大肚瓶。玻璃瓶內空氣濕度大，體積有限，應該選擇株型微小、生長緩慢而又耐潮濕的植物種植。

用厚紙折成漏斗，先往瓶內加入小顆粒碎石做墊層，再加泥炭土到瓶 1/3 處。

用長柄餐叉叉住要種植的植株土球，陸續將植株送入瓶內定植，然後用培養土覆蓋土球，並穩固周圍土壤，最後沿著玻璃瓶壁往瓶內加水，以瓶內種植土濕潤而底部沒有積水為度。

1 先加入小顆粒碎石做墊層。

2 加泥炭土到
瓶 1/3 處。

3 將植株叉入
瓶內定植。

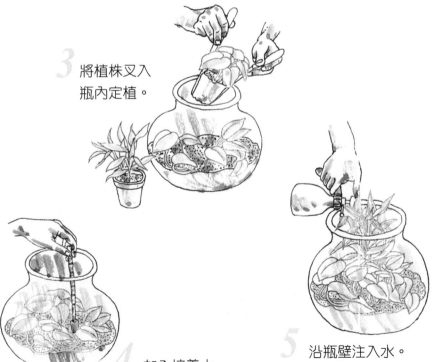

4 加入培養土。

5 沿瓶壁注入水。

窗口花槽的製作

Chuang Kou Hua Cao De Zhi Zuo

　　自己動手製作一個花槽，再栽植上花卉，擺放在窗口，不僅可以自己欣賞，還能讓鄰居們分享你的種花成果，讚賞你的情趣。

　　花槽一般設計為寬 15~20公分，深也為15~20公分，長度可根據自家窗戶的寬度來確定。花槽既可用木板釘製，也可用玻璃鋼加工而成。不管用什麼材料，都應在其底部每隔10公分打鑽一排排水孔。

　　種植時，在花槽底部鋪墊一層紅瓦碎片，培養土最好選用輕質的泥炭土。植物的選擇要根據花槽擺放的窗口位置來決定，向南的窗口種喜日光的仙人掌類植物與熱帶品種，面北的窗口種喜陰涼的觀葉植物，面東、西的窗口種開花的植物。種植時要注意，一開始不要種太滿，應該預留植物生長的空間。

1 花槽寬、深均為15~20公分。

2 在花槽底部打鑽排水孔。

3 先墊一層紅瓦碎片，
再覆輕質的泥炭土。

5 不要種植太滿。

4 品種根據窗口的朝向而定。

攀緣植物立柱造型
Pan Yuan Zhi Wu Li Zhu Zao Xing

攀緣植物的生長需要有附著的支架，家庭種花既要滿足它生長需要，又要美觀大方，盆栽立柱造型不失為一種好方法。

1. 先準備 1 根立柱，立柱可以用竹筒，也可用PVC塑膠管，粗細和長短根據自己需要確定，再將立柱用棕皮包紮好。

2. 把準備好的立柱豎在花盆中央，底部則用木棍支撐，再回填土搗實固定。

3. 在立柱周圍種上攀緣植物，隨著植物生長，沿著立柱用「U」形細鐵絲固定莖蔓，長到一定時間莖蔓就會爬滿立柱。

1 準備1根立柱，竹筒、PVC塑料管均可。

2 立柱豎在花盆中央，並固定。

3 立柱周圍種上攀緣植物。

護　理

盆花秋季養護
Pen Hua Qiu Ji Yang Hu

1 入秋後，盆栽花卉生長逐漸緩慢，這時要注意減少澆水次數，並延長澆水時間，此後，最主要的是追施肥料，以滿足花卉再次生長的需要。

2 以觀葉為主的常綠花卉，如蘇鐵、橡皮樹、文竹、傘草、吊蘭等應追 1 次肥，隔半個月，再施 1 次肥。

3 菊花、君子蘭、蟹爪蘭等花卉，秋後已進入孕蕾期，追施以磷為主的氮磷結合肥。

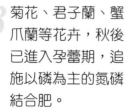

4 一些一年中多次開花的花卉，例如月季、四季海棠、米蘭、茉莉等應加強水肥管理，使其繼續開花。

5 觀果花卉，如金橘、果石榴等適當追施，以磷肥為主的稀薄肥料1~2次。

6 一些夏季休眠花卉，如水仙、仙客來、秋海棠等，秋季進入生長期時，應保持陽光充足，增加追肥與水分，促使其早開花。

7 追肥要注意稀薄一些，對一些喜酸性土壤的花卉，如米蘭、茉莉、梔子、含笑等可加少量硫酸亞鐵，使之變綠。

盆花夏季養護中的五忌
Pen Hua Xia Ji Yang Hu Zhong De Wu Ji

1 忌陽光暴曬。

2 忌通風不良。

3 忌盲目施肥。夏季要薄肥勤施，7～10天施1次，對於休眠的花卉不施，中午不施。

4 忌雨後積水。有積水要及時排除。

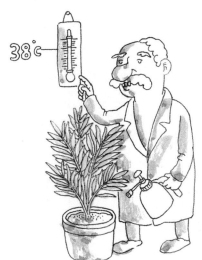

5 忌高溫噴藥。

盆花的通風調節
Pen Hua De Tong Feng Tiao Jie

養花通風很重要，如果把花卉放置在通風不良的環境中蒔養，尤其在夏季高溫、高濕情況下，時間一長就會滋生病蟲害，生長也顯得不那麼旺盛。

要想通風，首先要選擇在比較開闊的環境種養花卉，其次要經常給植株修剪整形，剪去生長過於擁擠的枝條，保證植株內部空氣的流通。

加強通風，可不是要將花卉放置在風口的位置（如窗口），花卉放在風口是不合適的，尤其冬季，冷風掃過的葉片很容易萎靡落葉。而對於要求空氣濕度大的植物，在風口處葉片會因乾燥而捲曲或枯尖。

1 通風很重要

2 選擇開闊的環境。

3 經常給植株修剪整形。

4 不要把盆花放在風口。

5 要求空氣濕度大的植物，在風口處易葉片捲曲。

促使多開花的竅門
Cu Shi Duo Kai Hua De Qiao Men

　　家庭盆花中有很多是觀花種類，可是「好花不長開」，怎樣讓這些花卉多開花，且開花時間持續得長久一些呢？根據理論與實踐經驗，採取下列措施有效，不妨一試。

1 花後剪去殘花。剪去殘花即不讓結籽。

2 修剪枝條產生較多分枝，
分枝多，開花也就多。

3 加強日常管理，注意通風透光。

4 多施磷、鉀肥。

仙人球開花新招
Xian Ren Qiu Kai Hua Xin Zhao

　　家養仙人球，要促使其開花，除了多施骨肥增加磷元素外，還有兩招：

　　第一招，增加光照時間，不要來回轉盆，讓受光的一面就一直受光，在長久光照的球面上會生出花苞。

　　第二招，是用刺激法促使其多開花：用針狀物蘸上化肥水（不要過濃，最好是磷肥），每隔兩天扎一次成年的仙人球腰部的刺座處，多扎幾個點，連扎兩週，以不腐爛為宜。

1 增加光照時間。

2 用針刺扎球部。

室內觀葉花卉
應怎樣養護

1 光線調節。並非所有的觀葉植物都很耐陰。對一些不是十分耐陰的花卉如南洋杉、蘇鐵、橡皮樹等要定期搬出室外養護一段時間，但在室外要注意切不可暴曬，否則葉片易產生日灼而焦乾。

2 冬季保溫。要做好防寒越冬工作。多數觀葉花卉冬季怕凍，特別像巴西鐵、萬年青、富貴竹、變葉木等，須在溫度10~13℃以上越冬，許多品種到少也要在5~8℃以上。

3 水肥管理。室內觀葉花卉要控制其生長，所以，不需要施太多肥，春季施點氮肥，使植株保持綠色；秋季施點磷、鉀肥，有助於提高抗寒能力；冬季要適當控制水分。

4 長期澆水，盆土易板結，要注意經常鬆土，夏季還要經常通風換氣。

清潔葉片的方法
Qing Jie Ye Pian De Fang Fa

花卉蒔養在家裏一段時間，葉片上會積存灰塵，既影響美觀，又阻礙葉片的光合作用和呼吸，這時有必要對葉片進行清潔。清潔方法多種多樣：

1 在植株沒有開花期間，遇下雨天氣，將盆花移到室外淋雨，經過雨水沖刷，葉片會變得青翠。

2 對於葉片較大而葉面較
光滑的植株，可以用海
綿或軟布沾清水擦拭。

3 對於葉面長有絨毛的植株，切
勿淋雨或擦拭，不然會引起中
片腐爛，最好用軟毛筆刷去葉
片上的灰塵。

4 對於不怕水濕的花卉，可以直接泡在水中清洗。

怎樣使盆花長得均勻
Zen Yang Shi Pen Hua Zhang De Jun Yun

1 種植時要將花木種在盆的正中，
澆水後植株歪斜要扶正。

2 合理修剪。剪枝時要注意花株的整體效果，注意留芽，盡量讓頂芽向空隙處生長。

3 時常轉盆。不需修剪的花木注意時常轉換花盆朝向，讓花木均勻受光而枝葉舒展。

4 適度綁紮。如果盆花某個方向空隙較大，用綁紮的方法將稠密的枝條向稀疏處牽引。

及時摘去殘花敗葉
Ji Shi Zhai Qu Can Hua Bai Ye

　　植株進入開花期，花就陸續開放和凋謝，此時要隨時摘除凋萎的花朵，不讓其結種子，減少養分消耗，可以促進後面的花開得更好，開得時間更長。

　　植株基部衰老發黃的葉片，長蟲生病的葉片，都要及時摘除。對於葉尖或葉緣枯焦的葉片，可用剪刀剪去枯焦部分。

　　所有這些，既美化了植物，又防止病蟲害蔓延，還有利於植物生長。

1 及時摘除殘花，
可減少養分消耗。

2 及時摘除老黃葉，
可防止病蟲害。

修剪可以矮化植株
Xiu Jian Ke Yi Ai Hua Zhi Zhu

　　木本花卉種養一段時間後，植株逐漸長高而顯得凌亂，長勢也會逐漸衰弱，這時你不妨下狠心將其攔腰剪斷（進行短截修剪），經過一段時間，老枝上會重新萌發出長勢旺盛的新枝，這樣既矮化了植株，又恢復了長勢，還促進了株型的豐滿。

　　不過要注意以下兩點，避免因修剪不當導致植株不發新枝而死亡。

　　短截修剪的時間最好在生長旺盛季進行。

　　剪後要將植株移至半陰處養護，千萬不要暴曬，同時減少澆水和停止施肥，直到萌發出新枝梢後再進行正常管理。

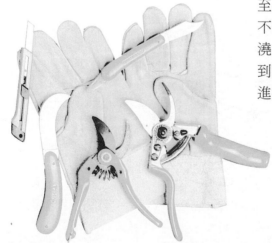

護理
HuLi

1 修剪可矮化植株，促進株型豐滿。

2 修剪後，將植株置
半陽處養護。

摘花與摘果的作用
Zhai Hua Yu Zhai Guo De Zuo Yong

　　或許你會問：種花就是為了觀花賞果，開的花、結的果不是越多越好嗎？怎麼還要摘花摘果？

　　是的，正因為要保證開好花、結好果，才需要摘花、摘果。因為花蕾過多或坐果過多，會導致養分消耗過多，開出的花、結出的果一定瘦小而不夠質量，並且會影響植株下一次開花，因此，適當摘去一些小花蕾和小果，更能提高開花結果質量。另外，要想開花結果整齊一致，對於個別枝條上提前形成的花蕾和小果也要及時摘除。

　　有些人時常感嘆：怎麼市場買來的盆花長得勻稱豐滿且高矮適中，而自己養的花就不是那麼理想呢？

　　其實這裏面的訣竅就是：摘心。我們知道要想獲得豐滿的株型就應促進植株多分枝，而要促進分枝就需從幼苗開始控制，即在生長季節根據需要在合適的高度摘除枝條的頂芽，讓枝條重新萌發2個以上新的枝條，待新枝條長到一定時期再摘除其頂芽，讓其又萌發2個以上更新的枝條，如此反覆進行幾次，這就是摘心。摘心具體次數根據花卉種類和自己希望的株型而定。

第一次摘心

摘心後分枝多、株型豐滿。

第二次摘心

摘心的作用
Zhai Xin De Zuo Yong

盆花春季要修剪
Pen Hua Chun Ji Yao Xiu Jian

　　春回大地之後，各種盆栽花卉都要萌發生長，為了使盆花長得豐滿健壯，需要根據不同盆花的生長特性與株形進行摘心、剪除老葉和根鬚，以及修枝。對一年生的月季、十姐妹、扶桑、吊金鐘等有開花枝條的品種不要剪得過多、過重；對柑橘類的觀果花木要注意保留果枝，只摘除老葉，促使多萌發新枝；對一些生長緩慢、萌發力較弱的花木，只可進行輕度修剪，剪去病枝、弱枝、枯枝、傷枝；對生長迅速、萌發力強的花木應該重剪。

　　總之，下垂枝、內向生枝、重疊枝、徒長枝都應剪除。

　　修剪枝條時，決不可用手去掐除，這樣容易傷皮乾，修剪工具應該粗枝用鋸，細枝用剪。剪口芽都應留向外側。

1 春季要修剪。

2 開花枝條不宜重剪。

3 觀果類要留果枝。

4 萌發力弱的要輕剪。

5 萌發力強的應重剪。

6 粗枝用鋸，細枝用剪。

及時搶救腐爛的仙人掌
Ji Shi Qiang Jiu Fu Lan De Xian Ren Zhang

仙人掌類花卉時常發生腐爛，遇到這種情況要及時搶救。

其方法簡單，即把植株體挖起來，用利刀把腐爛的部分切除乾淨，再用草木灰或硫磺粉涂塗切口，然後放在乾燥通風處，讓其傷口風乾後再重新扦插即可長出新根。

1 仙人掌根部腐爛後。

2 挖出植株，切除腐爛部分。

草木灰

3 用草木灰塗抹切口。

4 晾乾後重新扦插。

嫁接仙人球
砧木爛了怎麼辦

Jia Jie Xian Ren Qiu
Zhen Mu Lan Le Zen Me Ban

　　嫁接仙人球的砧木爛了，就應在氣溫20℃以上之際，將砧木上的仙人球割下來，重新扦插發根。切割時在距球下端1～2公分處切斷，小心將砧木的肉質剔除乾淨，保存髓部，放置半陰通風處，等15～30天後才移栽於稍濕潤的淨砂中，將球體 1/4 埋住，切勿澆水，若空氣太乾燥可常噴霧，待根生長後，球體穩固在盆中，即按正常管理。

　　但仙人球中，有些斑錦變異產生的自體、黃體、紅體品種，因缺葉綠素，不能進行光合作用，不易萌發自己的根系，這些品種，不能落地栽植。只可切除腐爛部分，塗上硫磺粉或草木灰消毒，晾乾 5～7天重新栽植。如果砧木腐爛到球體附近，只能將仙人球從砧木上移下來，另外嫁接，但新砧木直徑要與球體差不多大小。

植物枯萎的原因

　　有時候種養的盆花不知為什麼忽然就萎蔫了，心裏十分著急，又不知怎麼辦。這時需要先冷靜地查找原因，以使對症採取搶救措施。許多情況下都可能引起植物枯萎：盆土乾燥引起植物缺水，尤其在炎熱的夏季；盆土長期太濕，導致根系腐爛而引起枯萎，特別是在低溫的冬季，澆水過多最容易出現這樣的問題；施肥濃度過高或病蟲危害也會引起植株枯萎；還有的花卉在休眠前植株會正常枯萎，如仙客來、馬蹄蓮、鬱金香等，這時就不要大驚小怪，順其自然就行了。

1 盆土太乾。

2 盆土太濕。

3 施肥過濃。

4 休眠期的植株。

病　蟲

BingChong

正確使用農藥
防治花卉病蟲害

Zheng Que Shi Yong Nong Yao
Fang Zhi Hua Hui Bing Chong Hai

　　使用農藥防治病蟲害當然見效快得多，不過使用時要小心從事。首先，農藥一定要放置在小孩不易觸摸到的地方，嚴加保管，以防農藥中毒。在使用前要按照說明書上的方法，嚴格按比例兌水稀釋，濃度高了會燒葉，濃度低藥效也會降低。噴藥時一定要將花盆挪到戶外進行。在大晴天或雨天噴施農藥都不合適，最好選在陰天進行。總之，噴施農藥一定要注意人和盆花的安全。

1 農藥防治病蟲害見效快。

2　放置在小孩拿不到的地方。

3　使用前看說明書。

5　噴藥宜在陰天進行。

4　噴藥應在戶外進行。

花卉噴藥的方式
Hua Hui Pen Yao De Fang Shi

　　當花卉發生病蟲害時，就需噴藥防治。噴藥方式有多種，這要看用的是什麼藥，是液體藥，還是固體藥。另外，還要看防治的部位。當葉片發生病蟲害時，多採用噴霧式，注意葉片正反兩面都要噴到，尤其要多噴葉背面，因為害蟲往往躲在葉背面。

　　當根系出了問題時，就要用灌根法，就是將藥水澆在盆土中。而對於固體的農藥，可以直接埋在盆土中，讓植株吸收後起到殺蟲治病的作用。

病　蟲
Bing Chong

1 施藥的方法很多。

2 葉片有病蟲採用噴霧法。

3 根系有病蟲應用灌根法。

4 固體農藥可埋在土中。

小蘇打是防治
花卉病害的良藥

Xiao Su Da Shi Fang Zhi Hua Hui

Bing Chong Hai De Liang Yao

　　小蘇打能防治唐菖蒲、菊花、長壽花、月季、蘭花、杜鵑、石榴的瘟苗病、白粉病、碳疽病等，效果高達95%以上。

　　使用方法：在10千克水中，加入3克小蘇打，充分攪拌使其全部溶解於水中，用噴務器均勻噴施，必須將葉片正反面、莖乾及盆土表面全部均勻噴到。噴施後，還能對花卉植物的開花、結果有一定的促進作用，也能延長開花期10天左右。

病蟲
Bing Chong

1 效果達95%以上。

2 將小蘇打溶於水中。

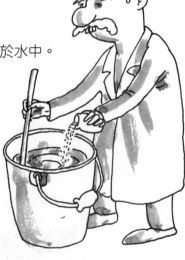

3 均勻噴施在植株上。

煙屑也能防治花卉病蟲
Yan Xie Ye Neng Fang Zhi
Hua Hui Bing Chong

　　將煙梗、煙葉、煙末、煙蒂等撚碎，用15倍清水浸泡24小時，用過濾液噴施可殺死一些花卉害蟲，如果在煙水中還加1/10的肥皂水，攪勻後噴灑，殺蟲效果更好。

　　將一定數量的煙頭放在盆土上，有驅趕螞蟻等害蟲的效果。

1 煙頭也能防治病蟲。

2 將煙頭浸泡 24 小時。

3 取濾液噴施。

4 也可直接將煙斗放在盆土上。

介殼蟲的防治與危害
Jie Ke Chong De Fang Zhi Yu Wei Hai

　　介殼蟲是一種花卉常見害蟲,當發現花卉葉片脫落,葉片上有一塊塊黃色小斑,葉背面和莖乾表面附著一種橢圓形盤狀物,那就是介殼蟲。

　　冬季室內花卉,最容易發現它的危害。成蟲具有堅硬外殼保護,噴藥殺蟲效果不佳。平時要留心觀察,早期發現可用小刀將蟲體從莖葉表皮上刮下來,或在盆土中及早預埋呋喃丹進行防治。

　　呋喃丹是一種顆粒狀農藥,在花店有售,是一種內吸式農藥,埋在土中被植物吸收後,當害蟲吸食植物時會中毒而死,對防治介殼蟲比較有效。

1 介殼蟲是花卉常見的害蟲。

2 冬季室內最易發生介殼蟲。

3 用小刀將蟲體刮下。

4 將呋喃丹提前埋入土中效果好。

蚜蟲的危害與防治

　　蚜蟲是為害花卉植物最廣泛的害蟲，當發現植株的幼葉和嫩莖發黃、皺縮、捲曲時，翻開葉面，看到爬滿的小蟲，其蟲體尾部有兩根直立的細管，那準是蚜蟲。蚜蟲經常在溫暖、潮濕的環境下發生，因此，平時多加強環境通風對防治蚜蟲會有幫助。若早期發現可以立即摘除有蚜蟲危害的葉片。對發生蟲害已較嚴重的植物，除用農藥方法防治外，家庭也可用辣椒或大蒜搗出的汁液噴灑。

1 蚜蟲是為害盆花最廣泛的害蟲。

2 通風可預防蚜蟲發生。

3 可用辣椒液或大蒜液
噴灑防治。

紅蜘蛛危害與防治
Hong Zhi Zhu Wei Hai Yu Fang Zhi

　　紅蜘蛛也是一種經
常危害花卉的害蟲。尤
其在夏季高溫乾燥的天
氣容易發生。因為蟲體
很小，肉眼不易察覺，
往往很容易被忽視。當
發現花卉葉片出現黃、
白色斑點時，特別是老
葉，用手指在葉背面用
力勒一下，如果手指上
有紅色汁液，就可以判
斷是紅蜘蛛危害。紅
蜘蛛不喜濕氣，利用
澆水抗旱，經常給葉
面噴水的方法，可以
阻絕它的危害。

1 夏季高溫乾燥易
發生紅蜘蛛。

2 病葉背面出現黃、
白色斑點。

3 增加葉片濕度可預防紅蜘蛛。

調味品也能
防治花卉病蟲害

Tiao Wei Ping Ye Neng
Fang Zhi Hua Hui Bing Chong Hai

1 用辣性強的乾辣椒,碾成粉,加水12~20倍,煮沸10~20分鐘過濾噴施,可治紅蜘蛛、蚜蟲等。

2 將啤酒盛在淺盆裏，放於盆花底部，蝸牛會自己爬入淹死。

3 紫皮大蒜 0.5 千克，搗爛加水60倍，過濾噴灑葉面、枝乾和根部可治蚜蟲。將大蒜去皮切成小塊，等距離放在花盆表土上，正常澆水管理，兩三天內會讓蚯蚓、螞蟻絕跡。

4 將大蔥一根，切碎
後，加30倍水，浸
泡24小時，過濾噴
灑，一日數次，連
噴5天，對防治蚜
蟲、軟體害蟲和白
粉病均有效。

5 花椒200克加水10倍，
煮成原汁，再加水10倍
稀釋後噴灑，可防治螟
蟲、白虱、甲殼蟲等。

導引養生功

1 疏筋壯骨功＋VCD
定價350元

2 導引保健功＋VCD
定價350元

3 頤身九段錦＋VCD
定價350元

4 九九還童功＋VCD
定價350元

5 舒心平血功＋VCD
定價350元

6 益氣養肺功＋VCD
定價350元

7 養生太極扇＋VCD
定價350元

8 養生太極棒＋VCD
定價350元

9 導引養生形體詩韻＋VCD
定價350元

10 四十九式經絡動功＋VCD
定價350元

張廣德養生著作　每冊定價350元

全系列為彩色圖解附教學光碟

輕鬆學武術

1 二十四式太極拳＋VCD
定價250元

2 四十二式太極拳＋VCD
定價250元

3 八十六式太極拳＋VCD
定價250元

4 三十二式太極劍＋VCD
定價250元

5 四十二式太極劍＋VCD
定價250元

6 二十八式木蘭拳＋VCD
定價250元

7 三十八式木蘭扇＋VCD
定價250元

8 四十八式太極劍＋VCD
定價250元

彩色圖解太極武術

1 太極功夫扇
定價220元

2 武當太極劍
定價220元

3 楊式太極劍
定價220元

4 楊式太極刀
定價220元

5 二十四式太極拳+VCD
定價350元

6 三十二式太極劍+VCD
定價350元

7 四十二式太極劍+VCD
定價350元

8 四十二式太極拳+VCD
定價350元

9 楊式十八式太極劍
定價350元

10 楊氏二十八式太極拳+VCD
定價350元

11 楊式太極拳四十式+VCD
定價350元

12 陳式太極拳五十六式+VCD
定價350元

13 吳式太極拳五十六式+VCD
定價350元

14 精簡陳式太極拳八式十六式
定價220元

15 精簡吳式太極拳三十六式拳架·推手
定價220元

16 夕陽美功夫扇
定價220元

17 綜合四十八式太極拳+VCD
定價350元

18 三十二式太極拳 四段
定價220元

19 楊式三十七式太極拳+VCD
定價350元

20 楊氏五十一式太極劍+VCD
定價350元

21 嫡傳楊家太極拳精練二十八式
定價220元

22 嫡傳楊家太極劍五十一式
定價220元

養生保健　古今養生保健法 強身健體增加身體免疫力

醫療養生氣功
定價250元

2
中國氣功圖譜

定價250元

3
少林醫療氣功精粹

定價250元

4
龍形實用氣功

定價220元

5
魚戲增視強身氣功

定價220元

7
道家玄牝氣功

定價200元

仙家秘傳袪病功
定價160元

9
少林十大健身功

定價180元

10
中國自控氣功

定價250元

11
醫療防癌氣功

定價250元

12
醫療強身氣功

定價250元

13
醫療點穴氣功

定價250元

中國八卦如意功
定價180元

15
正宗馬禮堂養氣功

定價420元

16
秘傳道家筋經內丹功

定價300元

17
三元開慧功

定價250元

18
防癌治癌新氣功

定價180元

19
禪定與佛家氣功修煉

定價200元

顛倒之術
定價360元

21
簡明氣功辭典

定價360元

22
八卦三合功

定價230元

23
朱砂掌健身養生功

定價250元

24
抗老功

定價230元

25
意氣按穴排濁自療法

定價250元

健身袪病小功法
定價200元

28
張氏太極混元功

定價250元

30
中國少林禪密功

定價200元

31
郭林新氣功

定價400元

32
八卦之源與健身養生

定價280元

33
現代原始氣功1

定價400元

開脈太極
定價300元

35
通靈功一養生袪病及入門功法

定價300元

37
太極內功養生法

定價180元

太
極
跤

1 太極防身術　定價300元

2 擒拿術　定價280元

3 中國式摔角　定價350元

簡
化
太
極
拳

1 陳式太極拳十三式　定價200元

2 楊式太極拳十三式　定價200元

3 吳式太極拳十三式　定價200元

4 武式太極拳十三式　定價200元

5 孫式太極拳十三式　定價200元

6 趙堡太極拳十三式　定價200元

原
地
太
極
拳

1 原地綜合太極二十四式　定價220元

2 原地活步太極四十二式　定價200元

3 原地簡化太極拳二十四式　定價200元

4 原地太極拳十二式　定價200元

5 原地青少年太極拳二十二式　定價220元

6 原地兒童太極拳十捶十六式　定價180元

健康加油站

糖尿病 預防與治療

定價200元

2 胃部機能與強健
胃部

定價180元

3 不孕症治療
不孕症治療

定價200元

4 簡易醫學急救法
簡易醫學急救法

定價200元

5 肥胖健康診療
肥胖 健康診療

定價200元

6 肝功能健康診療
肝功能 健康診療

定價200元

高血壓 健康診療

定價200元

8 高血糖值健康診療
高血糖值 健康診療

定價200元

9 尿酸值健康診療
尿酸值 健康診療

定價200元

10 膽固醇中性脂肪健康診療
膽固醇 中性脂肪 健康診療

定價200元

11 痛風劇痛消除法
痛風 劇痛消除法

定價180元

12 三溫暖健康法
三溫暖 健康法

定價180元

手腳 病理按摩

定價180元

14 B型肝炎預防與治療
B型肝炎 預防與治療

定價180元

15 吃得更漂亮、健康
吃得更漂亮 健康

定價180元

16 茶使您更健康
茶 使您更健康

定價180元

17 圖解常見疾病運動療法
圖解常見疾病 運動療法

定價180元

18 科學健身改變亞健康
科學健身 改變亞健康

定價180元

簡易萬病自療保健

定價220元

20 王朝秘藥媚酒
王朝秘藥媚酒

定價180元

21 立見實效保健操
立見實效 保健操

定價180元

22 越吃越幸福
越吃越性福

定價200元

23 荷爾蒙與健康
荷爾蒙與健康

定價180元

24 越吃越長壽
越吃越長壽

定價200元

自我保健鍛鍊

定價180元

26 斷食促進健康
斷食促進健康

定價180元

運動精進叢書

1 怎樣跑得快
定價200元

2 怎樣投得遠
定價180元

3 怎樣跳得遠
定價180元

4 怎樣跳的高
定價180元

5 高爾夫揮桿原理
定價220元

6 網球技巧圖解
定價220元

7 排球技巧圖解
定價230元

8 沙灘排球技巧圖解
定價230元

9 撞球技巧圖解
定價230元

10 籃球技巧圖解
定價220元

11 足球技巧圖解
定價230元

12 羽毛球技巧圖解
定價220元

13 乒乓球技巧圖解
定價220元

14 曲線球與飛碟球
定價300元

15 街頭花式籃球
定價280元

16 精彩高爾夫
定價330元

17 巴西青少年足球訓練方法
定價230元

快樂健美站

柔力健身球
定價280元

2
自行車健康享瘦

定價280元

3
跑步鍛鍊走路減肥

定價280元

4
創造健康的肌力訓練

定價220元

5
舒適超級伸展體操

定價280元

6
水中有氧運動

定價280元

雕塑完美身材
定價280元

8
創造超級兒童

定價280元

9
使頭腦變聰明

定價280元

10
防止老化的身體改造訓練

定價280元

11
三個月塑身計畫

定價280元

12
懶人族瑜伽

定價280元

瑜伽
定價240元

14
忙裡偷閒練瑜伽祛病養生篇

定價240元

15
健身跑激發身體的潛能

定價200元

16
中華鐵球健身操

定價180元

17
彼拉提斯健身寶典

定價280元

18
全身保健操＋VCD

定價280元

瑜伽
定價180元

20
豐胸做自信女人

定價200元

21
輕鬆瑜伽治百病

定價280元

22
瑜伽秀體小品

定價280元

23
熱舞瘦身小品

定價280元

24
整形打造美麗

定價250元

國家圖書館出版品預行編目資料

養花竅門99招／劉宏濤、傅強 編著
－初版－臺北市，大展，2004【民93】
面；21公分－（休閒娛樂；17）
ISBN 978-957-468-312-3（平裝）
1.園藝 2.花卉—栽培
435.11 93007977

【版權所有・翻印必究】

養花竅門99招　ISBN 978-957-468-312-3

編 著 者／劉宏濤、傅強
繪 圖 者／秦懷新、劉曉峰、楊振亞、秦繼文
責任編輯／曾　秦
發 行 人／蔡森明
出 版 者／大展出版社有限公司
社　　址／台北市北投區（石牌）致遠一路2段12巷1號
電　　話／(02) 28236031・28236033・28233123
傳　　真／(02) 28272069
郵政劃撥／01669551
網　　址／www.dah-jaan.com.tw
E-mail／service@dah-jaan.com.tw
登 記 證／局版臺業字第2171號
承 印 者／傳興印刷有限公司
裝　　訂／建鑫裝訂有限公司
排 版 者／順基國際有限公司
授 權 者／湖北科學技術出版社
初版1刷／2004年（民93年）8月
初版2刷／2008年（民97年）7月　　　定　價／220元

●本書若有破損、缺頁請寄回本社更換●

快樂健美站

柔力健身球
定價280元

2 自行車健康享瘦

定價280元

3 跑步鍛鍊走路減肥

定價280元

4 創造健康的肌力訓練

定價220元

5 舒適超級伸展體操

定價280元

6 水中有氧運動

定價280元

完美身材
定價280元

8 創造超級兒童

定價280元

9 使頭腦變聰明

定價280元

10 防止老化的身體改造訓練

定價280元

11 三個月塑身計畫

定價280元

12 懶人族瑜伽

定價280元

瑜伽
定價240元

14 忙裡偷閒練瑜伽祛病養生篇

定價240元

15 健身跑激發身體的潛能

定價200元

16 中華鐵球健身操

定價180元

17 彼拉提斯健身寶典

定價280元

18 全身保健操＋VCD

定價280元

瑜伽美姿美容
定價180元

20 豐胸做自信女人

定價200元

21 輕鬆瑜伽治百病

定價280元

22 瑜伽秀體小品

定價280元

23 熱舞瘦身小品

定價280元

24 整形打造美麗

定價250元

國家圖書館出版品預行編目資料

養花竅門99招／劉宏濤、傅強 編著
－初版－臺北市，大展，2004【民93】
面；21公分－（休閒娛樂；17）
ISBN 978-957-468-312-3（平裝）

1.園藝 2.花卉─栽培
435.11 93007977

【版權所有・翻印必究】

養花竅門 99 招

ISBN 978-957-468-312-3

編 著 者／劉宏濤、傅強
繪 圖 者／秦懷新、劉曉峰、楊振亞、秦繼文
責任編輯／曾 秦
發 行 人／蔡森明
出 版 者／大展出版社有限公司
社 址／台北市北投區（石牌）致遠一路2段12巷1號
電 話／（02）28236031・28236033・28233123
傳 真／（02）28272069
郵政劃撥／01669551
網 址／www.dah-jaan.com.tw
E-mail／service@dah-jaan.com.tw
登 記 證／局版臺業字第2171號
承 印 者／傳興印刷有限公司
裝 訂／建鑫裝訂有限公司
排 版 者／順基國際有限公司
授 權 者／湖北科學技術出版社
初版1刷／2004年（民93年）8月
初版2刷／2008年（民97年）7月 定 價／220元

●本書若有破損、缺頁請寄回本社更換●

大展好書　好書大展
品嘗好書　冠群可期

大展好書 好書大展
品嘗好書 冠群可期